BEI GRIN MACHT SICH IHR WISSEN BEZAHLT

- Wir veröffentlichen Ihre Hausarbeit, Bachelor- und Masterarbeit

- Ihr eigenes eBook und Buch - weltweit in allen wichtigen Shops

- Verdienen Sie an jedem Verkauf

Jetzt bei www.GRIN.com hochladen und kostenlos publizieren

Bibliografische Information der Deutschen Nationalbibliothek:

Die Deutsche Bibliothek verzeichnet diese Publikation in der Deutschen National-
bibliografie; detaillierte bibliografische Daten sind im Internet über http://dnb.d-
nb.de/ abrufbar.

Impressum:

Copyright © 2009 GRIN Verlag, Open Publishing GmbH
Druck und Bindung: Books on Demand GmbH, Norderstedt Germany
ISBN: 9783640615520

Florian Kamin

Beugungserscheinungen an beliebigen optischen Gittern. Eine Analyse auf Grundlage der Wellenoptik

Atom- und Molekülspektren

GRIN Verlag

Vorwort zur zweiten Auflage

Die Ihnen vorliegende Ausarbeitung, zum Laborpraktikum Physik, entspricht der DIN 1421, sowie der DIN 1505 Teil 2. Diese Normen regeln die äußere Form wissenschaftlicher Ausarbeitungen und dienen als Leitfaden für die äußer Gestalt dieses Berichtes.

Die Inhalte des Berichtes gliedern sich nach den Vorgaben des Labors für Physik der Fachhochschule Südwestfalen Standort Soest und beruhen auf den didaktisch gewonnen Erkenntnissen, welche im Versuch Nummer 41, Beugung am Gitter, Atom- und Molekülspektren vermittelt wurden, sowie auf wissenschaftlicher Erkenntnis externer Quellen, welche zum Zweck dieser Ausarbeitung herangezogen wurden.

Aus Gründen der Komplexität mancher beschriebener Sachverhalte, werden einige Abschnitte nur kurz umrissen. So zum Beispiel das Plancksche Wirkungsquantum, welches zwar in die anschaulich plausible Erklärung bzw. mathematische Beschreibung der Emission von Lichtquanten eingeht, aber desweiteren nicht beleuchtet wird. Zusätzlich wird auf eine Formulierung der Elektrodynamischen Grundgesetze verzichtet, auch aus den oben aufgeführten Gründen.

Es ergeben sich aus dem Umstand der Wiedervorlage folgende Änderungen:
Der Abschnitt 2.2 Emission von Lichtquanten ist überarbeitet und korrigiert. Dazu wurden die Abbildungen 2.2 – 2.4 durch aussagekräftigere ersetzt und eine Quelle hinzugefügt. Desweiteren wurde die Dispersion, im physikalischen Sinne ausführlicher erklärt, sowie die Abbildung 2.6 durch eine aussagekräftigere Abbildung ersetzt. Die Fehleranalyse ist differenzierter dargestellt und neu gewichtet.

November 2009   Florian Kamin

Inhaltsverzeichnis

1 Aufgabenbeschreibung

Der durchgeführte Versuch, welcher dieser Ausarbeitung zu Grunde liegt, beschreibt die physikalischen Grundlagen der Beugung einer elektromagnetischen Welle am Gitter. Die spezifische Aufgabe zu diesem Thema ist es, die Wellenlängen der Spektrallinien von drei Entladungslampen, gefüllt mit Wasserstoff- (chemisches Kurzzeichen: H), Helium- (chemisches Kurzzeichen: He) und Quecksilberdampf (chemisches Kurzzeichen: Hg), im Bereich des sichtbaren Lichtes zu bestimmen, mit Hilfe der Beugung des Lichtes an einem Strichgitter. (In Anlehnung an: Müller, Prof. Dr. K-H. (unbekannt). *Beugung am Gitter, Physikalisches Praktikum. S.1*)

2 Grundlagen

In diesem Abschnitt werden die grundlegenden Zusammenhänge, beziehungsweise die grundlegenden physikalischen Gesetzmäßigkeiten, die zum Verständnis der im Versuch untersuchten Aufgabenstellung notwendig sind, erläutert. Es handelt sich dabei um die Erörterung diverser Fragestellungen, welche in den folgenden Abschnitten einzeln erläutert werden.

Um den durchgeführten Versuch in seiner Gesamtheit zu erfassen ist es notwendig, einige Grundbegriffe der geometrischen Optik, der Wellenoptik, sowie der Quantenoptik, zu erläutern.

Zunächst befassen wir uns mit der Fragestellung: Was ist Licht im physikalischen Sinne.

Die Auffassung über das Wesen des Lichtes änderte sich mehrmals im Laufe der Zeit. Von Newton wurde 1602 eine Korpuskulartheorie entwickelt. Ihr zufolge sendet eine Lichtquelle kleine Korpuskugeln aus, die sich mit großer Geschwindigkeit geradlinig fortbewegen, bis diese entweder direkt, oder nach der Reflexion an Gegenständen ins Auge gelangen und dort Sinnesreize auslösen. Mit dieser Theorie war Newton in der Lage, die Reflexion und Brechung von Licht zu erklären.

Im weiteren zeitgeschichtlichen Verlauf wurden die Phänomene Interferenz und Beugung durch die Wellentheorie des Physikers Huygens (1678) beschrieben. Diese physikalische Beschreibung der Beugung und Interferenz wurden durch Young (1802) erhärtet. Um 1800 hielt sich die Meinung, dass es sich beim Licht um eine Longitudinalwelle, in einem das Weltall füllenden „Äther", handeln würde. Diese Theorie widerlegten Malus (1808) und Fresnel (1815), da sie durch ihre Forschungsergebnisse zu dem Schluss kamen, dass es sich beim Licht um eine Transversalwelle handeln muss. Zu diesem Schluss kam auch Maxwell (1865), der die Natur der Lichtwellen als Transversalwelle ebenfalls erkannte und sie in den Maxwellschen Gleichungen beschrieb.

Die Maxwellschen Gleichungen beschreiben das Licht als elektromagnetische Welle, die sich mit einer definierten Lichtgeschwindigkeit im Vakuum ausbreitet.

Nach Ende des 19. Jahrhunderts wurde durch Experimente bekannt, dass es wenn Licht und Materie in Wechselwirkung treten zu physikalischen Effekten kommt, welche mit der Lichtwellentheorie nicht zu erklären sind. Einstein fand durch seine Lichtquantenhypothese eine Erklärung für diese Phänomene.

(In Anlehnung an: Hering, Martin, & Stohrer. (2004). *Physik für Ingenieure 9. Auflage.* Springer. S. 402 ff.)

2.1 Das Licht als elektromagnetische Welle

2.1.2 nach Maxwell

Um den Versuch, der Beugung am Gitter, als solchen physikalisch mathematisch zu beschreiben, ist es notwendig das Licht als elektromagnetische Welle anzunehmen. Aufgrund der Tatsache, dass durch diese Annahme die Beugung am Gitter, nach dem Huygens Prinzip, herleitbar ist.

Wie schon im vorherigen Abschnitt bereits erläutert, beschreiben die Maxwellschen Gleichungen das Licht als elektromagnetische Welle. Diese transversale Welle transportiert Energie in Form von elektrischer und magnetischer Feldenergie.

„Um die Maxwellschen Gleichungen heranzuziehen nehmen wir an, dass es sich bei dem emittierten Licht um ein monochromatisches Licht handelt.

Das monochromatische Licht wird als eine ebene[1] Welle angenommen, bei der sich ein mit der Kreisfrequenz ω periodisch sich änderndes transversales elektrisches Feld E-Vektor, in y-Richtung, mit der Geschwindigkeit c-Vektor in x-Richtung ausbreitet. Senkrecht zu E-Vektor und c-Vektor, in z-Richtung, liegt ein magnetisches Wechselfeld der Frequenz ω vor. Die Beträge der beiden Feldstärken sind dabei:"

(Müller, Prof. Dr. K-H. (2009). *Optik, Atmophysik, Kernphysik.* Soest. S.52)

$$E = E_0 * \sin[\omega\left(t - \tfrac{x}{c}\right)] \quad \text{und}$$
[Formel 2.1]

$$H = H_0 * \sin[\omega\left(t - \tfrac{x}{c}\right)]$$
[Formel 2.2]

c: Lichtgeschwindigkeit im Vakuum ($299\,792\,458\ ms^{-1}$)

E: Feldstärke elektrisches Feld

H: Feldstärke magnetisches Feld

Maxwell verknüpfte diese Gleichung wie folgt:

$$\frac{H_0}{c} = E_0 * \varepsilon_0 \quad \text{und}$$
[Formel 2.3]

$$\frac{E_0}{c} = H_0 * \mu_0$$
[Formel 2.4]

aus dieser Verknüpfung folgt:

$$c = \frac{1}{\sqrt{\varepsilon_0 * \mu_0}}$$
[Formel 2.5]

---

[1] Fortbewegung lediglich in einer Richtung, hier: x-Richtung

daraus folgt:

$$H_0 = \sqrt{\frac{\varepsilon_0}{\mu_0}} * E_0 \qquad\qquad\qquad \text{[Formel 2.6]}$$

μ_0: Permeabilitätskonstante im Vakuum[2]

ε_0: Dielektizitätskonstante im Vakuum[3]

Somit wurde gezeigt, dass in einer elektromagnetischen Welle eine Energie in der Form von elektrischer und magnetischer Feldenergie transportiert wird. Dies lässt Rückschlüsse auf die physikalische Eigenschaft des Lichtes zu, aufgrund der Tatsache, dass es sich beim Licht um eine elektromagnetische Strahlung handelt, die durch die Emittierung des Lichtes als Quant erklärt wird.

Diese Hypothese wird im nächsten Absatz 2.2 spezifiziert, sowie mathematisch hergeleitet.

2.1.2 nach Huygens

Der Physiker Huygens veröffentlichte im Jahr 1678 ein Buch zur Wellentheorie des Lichtes, deren Grundlage er auf wissenschaftlicher Basis anhand einer Wasserwelle ableitete. Im nun folgenden Abschnitt wird die wissenschaftliche Beobachtung Huygens rekapituliert und formuliert.

Schickt man ein Lichtbündel durch einen Spalt, so entsteht auf einem Schirm ein rechteckförmiger, beziehungsweise quasisphärischer Lichtkegel. Wird nun die Spaltbreit b des Spaltes verringert, erwartet man, aufgrund der Erkenntnisse der geometrischen Optik, dass sich der Lichtkegel proportional zur Spaltbreite b verringert. Ab einer bestimmten Spaltbreit b, tritt dieser zu erwartende Effekt nicht mehr ein. Der Lichtkegel vergrößert sich, anstatt sich zu verringern. Dieser Effekt wurde von Huygens als Beugung des Lichtes am Spalt beschrieben, welche nur durch eine Wellencharakteristik des Lichtes erklärbar ist.

---

[2] $(1{,}2566 * 10^{-6}\ VsA^{-1}m^{-1})$
[3] $(8{,}8542 * 10^{-12}\ AsV^{-1}m^{-1})$

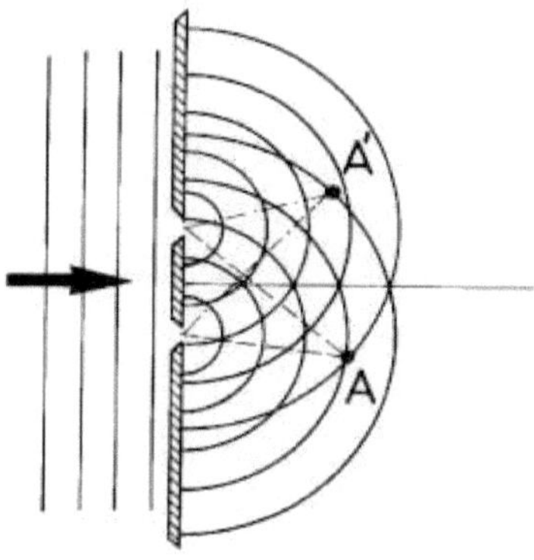

Abbildung 2.1 (Beugung am Doppelspalt)

(http://www.pi.physik.uni-frankfurt.de/lowtemp/Anfaengerpraktikum/Laser/1601_Laser-Dateien/image004.jpg)

Wählt man die Spaltbreite b kleiner, so wird der projizierte Lichtkegel größer, bedingt durch die sich neu bildende Wellenfront. Die neue Wellenfrontbreitet sich konzentrisch am Spalt aus und vergrößert somit das Bild der Lichtquelle.

Nach dem Huygensschen Prinzip ist jeder Punkt einer Welle als Ausgangspunkt einer quasisphärischen Elementarwelle aufgefasst werden kann.

Eine ausführliche Beschreibung der Beugung folgt im Abschnitt 2.3.

(In Anlehnung an: Walcher, W. (2003). *Praktikum Physik 8. Auflage*. Teubner. S.197 – S.207)

2.2 Emission von Lichtquanten

Im vorrangegangenen Abschnitt 2.1 wurde das Phänomen des Lichtes als Welle, anhand der Maxwellschen Gleichungen und des Huygensschen Prinzips, erläutert. Es stellt sich jedoch die Frage, worum es sich bei Licht im physikalischen Sinne handelt, beziehungsweise welcher theoretischen Beschreibung das Licht am eheste folgt. Desweiteren befassen wir uns mit den Eigenschaften der Lichtquanten, sowie deren Emissionsprozess. Eine tiefgehende theoretische

Beschreibung der Wechselwirkung zwischen Atomen und Quanten erfordert das Hilfsmittel der Quantenelektrodynamik, aus diesem Grund wird auf diese Thematik verzichtet.

Grundlage für diese Fragestellung lieferte Albert Einstein durch seine Lichtquantenhypothese. Auf Basis dieser Hypothese ist es möglich, die Abweichungen der Lichtwellentheorie, bei einer Wechselwirkung zwischen Materie und Licht, physikalisch phänomenologisch zu erörtern.

Einstein nahm an, dass bei der Wechselwirkung zwischen Licht und Atomen neben der Absorption eines Lichtquants zwei verschiedene Arten von Emission auftreten: die spontane Emission und die induzierte Emission eines Lichtquants, die durch ein anderes Lichtquant ausgelöst werden kann. Atome liegen nach der Quantentheorie nur in diskreten Energiezuständen vor. Normalerweise befinden sie sich in ihrem energieärmsten Zustand[4], dem Grundzustand. In diesem Zustand können sie die Strahlung eines elektromagnetischen Feldes absorbieren, wenn die Energiequanten hv dieses Feldes gerade der Energiedifferenz zwischen zwei atomaren Zuständen entsprechen.

Das Atom geht dabei vom energieärmeren Zustand E1 in den energiereicheren, angeregten Zustand E2 über. Dieses Phänomen ist in der Abbildung 2.2 nach dem Bohrschen Atommodell visualisiert.

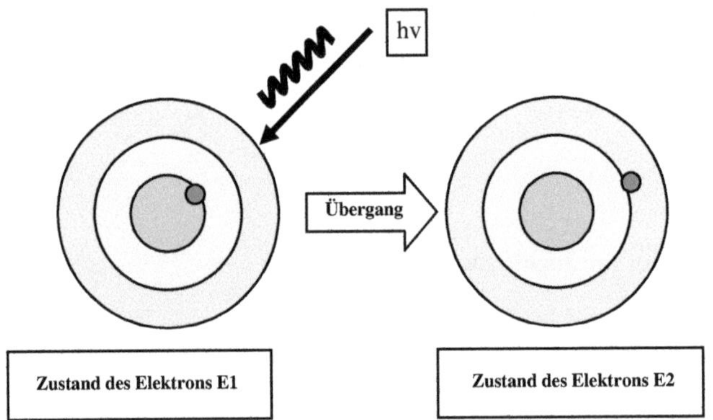

Abbildung 2.2 Übergang des Energieniveaus durch Schalenwechsel

---

[4] Vgl.: Prinzip des geringsten Zwangs nach Le Chatelier

Im Energiezustand E2 ist das Elektron jedoch im allgemeinen nicht im Stande lange zu verweilen und kehrt nach einer, für das jeweilige System charakteristischen Zeit, der Lebensdauer τ, wieder in den Grundzustand zurück, dieser Vorgang wird in der Abbildung 2.3 dargestellt. Da dies spontan, also ohne Wechselwirkung mit dem Strahlungsfeld und ohne Korrelation dazu geschieht, bezeichnet man den Vorgang als inkohärent. Die Emission des Lichtquants erfolgt hier in alle Richtungen gleich, wahrscheinlich und zeitlich unkoordiniert.

Dieses Phänomen bezeichnet man als die spontane Emission einer Lichtwelle. Diese Lichtwelle wird als Photon bezeichnet, da ihre Ausbreitungsgeschwindigkeit so exorbitant hoch ist, dass sie als masseloses Teilchen angenommen wird. Dieses Photon nimmt im hier gewählten Beispiel die Energie hv ein.

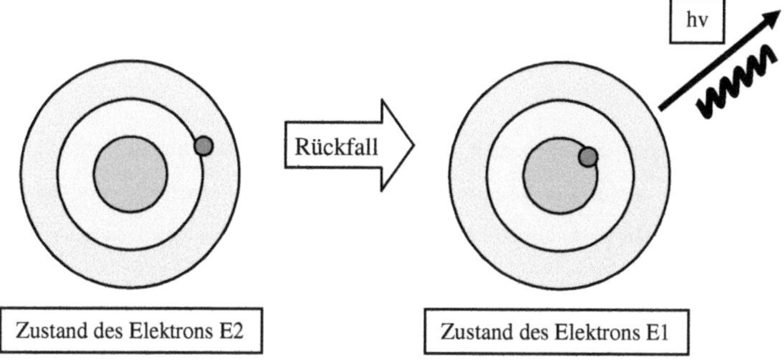

Abbildung 2.3 Rückgang des Energieniveaus

Induzierte Emission eines zweiten Photons der gleichen Energie hv, entsprechend der Theorie von Einstein ist eine induzierte oder stimulierte Emission möglich, wenn ein weiteres Photon mit dem angeregten Atom in Wechselwirkung tritt. Dieses Photon induziert, unter Verkürzung der Lebensdauer des angeregten Zustandes, einen Übergang zum Grundzustand. Dabei wird die gespeicherte Energie als ein Photon mit der Energie mal Zeit hv an das Strahlungsfeld zurückgeliefert. Entsprechend dem in der Quantentheorie begründeten Dualismus haben Photonen der Energie mal Zeit hv auch die Eigenschaften einer elektromagnetischen Welle der Frequenz v.

Ausgehend von diesem Sachverhalt, stellt man fest, dass durch die diskreten Energieniveaus der Elektronen, jedes Atom Licht einer charakteristischen bestimmten Energie und Wellenlänge emittiert. Somit genügt das Licht der Bohrschen Bedingung, welche besagt, dass die Elektronenbahnen als stabil angesehen werden.

(In Anlehnung an: Mayer-Kuckuk. (1997). *Atomphysik - eine Einführung 5.Auflage.* München: Teubner. S.117 – S.145)

2.3 Bohrsche Bedingung

Um anzunehmen, dass die Elektronenbahnen als stabil angesehen werden können greift man auf die Bohrschen Bedingungen zurück.

Bohr formulierte additiv zum Atommodell nach Rutherford drei weitere Bedingungen:

- Elektronen bewegen sich auf stabilen Kreisbahnen um den Atomkern. Anders als es die Theorie der Elektrodynamik vorhersagt, strahlen die Elektronen beim Umlauf keine Energie in Form von elektromagnetischer Strahlung ab.

- Der Radius der Elektronenbahn ändert sich nicht kontinuierlich, sondern sprunghaft. Bei diesem Quantensprung wird elektromagnetische Strahlung abgegeben (oder aufgenommen), deren Frequenz sich aus dem von Max Planck entdeckten Zusammenhang zwischen Energie und Frequenz von Licht ergibt. Wenn E1 die Energie des Ausgangszustands und E2 die Energie des Zielzustands ist, dann wird ein Lichtquant emittiert mit der Frequenz v der ausgesandten Strahlung.

$$v = \frac{E1-E2}{h} \qquad\qquad \text{[Formel 2.6]}$$

v: Frequenz

E1:   erster Energiezustand

E2:   zweiter Energiezustand

h: reduziertes Plancksches Wirkungsquantum

- Elektronenbahnen sind nur stabil, wenn der Bahndrehimpuls L des Elektrons ein ganzzahliges Vielfaches des reduzierten planckschen Wirkungsquantums h ist.

$$\hbar = \frac{h}{2\pi}$$

[Formel 2.7]

$$L = n\hbar.$$

[Formel 2.8]

(In Anlehnung an: Mayer-Kuckuk. (1997). *Atomphysik - eine Einführung 5.Auflage.* München: Teubner. S.117 – S.138)

2.4 Beugung

Die bei mechanischen Wellen zu beobachtende Beugung nach dem Huygensprinzip, ist auch bei Lichtwellen zu beobachten. Bei Lichtwellen wird analog zur mechanischen Welle beobachtet, dass an scharfen Kanten vorbeilaufende Lichtwellen in den geometrischen Schattenraum gebeugt werden.

An den Kanten eines Spalts bilden sich nach den Gesetzmäßigkeiten der Beugung Elemtarwellen aus. Je nach Richtung besteht zwischen diesen Elementarwellen ein bestimmter Gangunterschied, der bei Überlagerung ein Maxima, bzw. ein Minima annimmt, dieser Effekt wird als Interferenz bezeichnet und im Abschnitt 2.5 erläutert.

Die Beugung oder Diffraktion ist somit als Ablenkung von Wellen an einem Hindernis zu verstehen (Abbildung 2.1). Die Richtungsänderung und die Ausbreitung der Elementarwelle kann nach dem Huygensprinzip ermittelt werden. Alle Punkte einer Wellenfläche schwingen mit gleicher Phase. Sie haben die gleiche Frequenz wie die Erregerwelle. Nach Huygens kann jeder Punkt einer Wellenfläche als Ausgangspunkt einer Elementarwelle gedacht werden.

Die mathematische Herleitung des Huygensprinzip gestaltet sich als komplexer Vorgang. Aus diesem Grund wird an dieser Stelle auf die mathematische Herleitung des Huygensprinzip verzichtet. Der Sachverhalt der Beugung wird anhand der Prinzipskizze (Abbildung 2.5) erläutert.

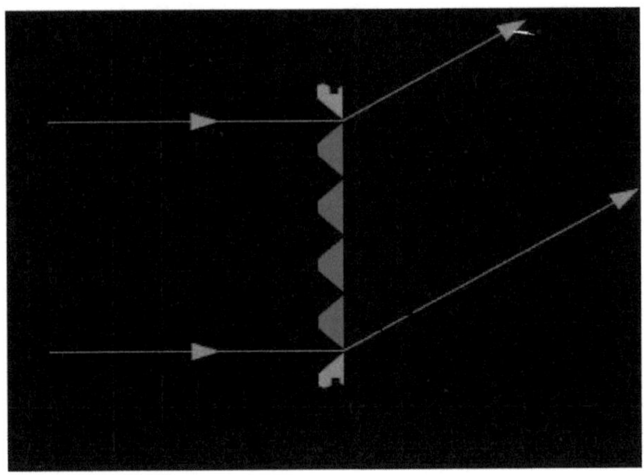

Abbildung 2.5 Beugung am Gitter
(http://upload.wikimedia.org/wikipedia/commons/8/8d/Beugungsgitter.svg)

Wie aus der Abbildung 2.5 ersichtlich, weicht die Wellenausbreitung von der geometrischen Strahlenausbreitung ab.

(In Anlehnung an: Kuchling, H. (2007). *Taschenbuch der Physik 19. Auflage*. München: Carl Hanser. S. 393 – S. 397)

2.5 Interferenz

„Laufen zwei Wellen durch ein gemeinsames Übertragungsmedium, so kann es an bestimmten Stellen im Raum zu Überlagerungen der einzelnen Wellen kommen. Es zeigt sich im Allgemeinen, dass das Prinzip der ungestörten Superposition anwendbar ist. Dabei geht man davon aus, dass sich jede Welle so ausbreitet, als sei die andere Welle nicht anwesend. Man überlagert dann diese Wellen additiv.

Zunächst soll untersucht werden, wie sich zwei in derselben Richtung laufende ebene Wellen gleicher Amplitude überlagern.

Die erste Welle sei gegeben durch:

$$y_1 = \dot{y} \cos(\omega t - kx)$$ [Formel 2.9]

Die zweite Welle durch:

$$y_2 = \dot{y} \cos(\omega t - kx + \varphi)$$ [Formel 2.10]

Wobei φ die Phasenverschiebung der zweiten Welle y_2 im Bezug zur ersten y_1 Welle sei. Die Phasenverschiebung φ entspricht dem Gangunterschied Δ in folgender Beziehung:

$$\Delta = \frac{\varphi}{2\pi} \lambda$$ [Formel 2.11]

Die resultierende Welle, die durch Addition der beiden Teilwellen entsteht, ist wieder eine ebene Welle mit der gleichen Frequenz und Wellenlänge aber anderer Amplitude und Phasenlage:

$$y = 2\,\dot{y} \cos(\tfrac{\varphi}{2}) \cos(\omega t - kx + \tfrac{\varphi}{2})$$ [Formel 2.12]

Konstruktive Interferenz [5]der beiden Wellen ergibt sich, wenn der Gangunterschied ein ganzzahliges Vielfaches der Wellenlänge ist. Destruktive Interferenz tritt ein, wenn der Gangunterschied der beiden Wellen ein ungeradzahliges Vielfaches der Halbwellenlänge beträgt."
(Hering, Martin, & Stohrer. (2004). *Physik für Ingenieure 9. Auflage.* Springer. S. 392ff)

---

[5] Verstärkung der Wellen

Durch die Addition der Teilwellen resultieren anhand der Formel 2.12 folgende
Fälle:

1. *Konstruktive Interferenz der Wellen*

   Hierbei addieren sich die beiden ursprünglichen Wellen (rot und gelb) zur
   resultierenden Welle (blau). Wie aus der Abbildung ersichtlich, addieren
   sich die Maxima, bzw. Minima der ursprünglichen Welle (rot und gelb) zu
   einem verstärkten Maxima, bzw. Minima der resultierenden Welle (blau).

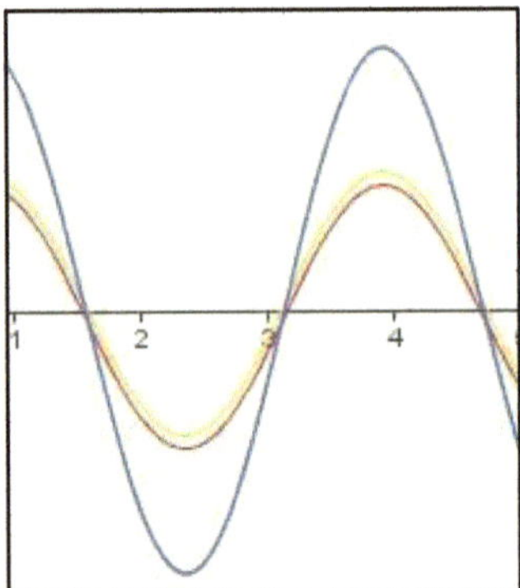

Abbildung 2.6 Verstärkung zweier Wellen erstellt mit GeoGebra

2. *Destruktive Interferenz der Wellen*

   Hierbei löschen sich Minima und Maxima der ursprünglichen Wellen (rot
   und gelb) aus, da diese direkt gegenüber liegen. Es entsteht somit eine
   Auslöschung (blau), aufgrund der Verschiebung um eine Halbwelle von π.

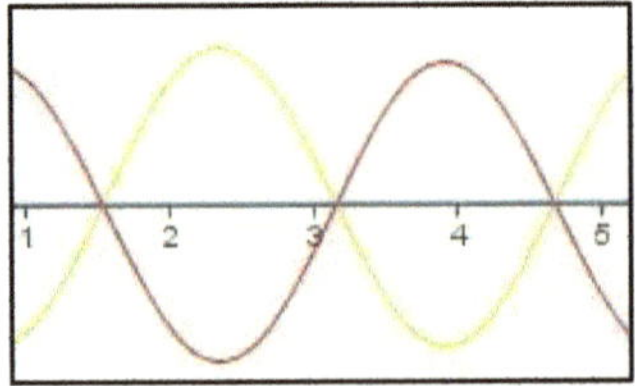

Abbildung 2.7 Auslöschung zweier Welle erstellt mit GeoGebra

Weiter Fälle entstehen bei jeglicher Phasenverschiebung und sind mit Hilfe der
Formel 2.12 additiv zu bestimmen.

Ein klassisches Phänomen für die Beugung und Interferenz, ist die Erscheinung von Spektrallinien, wenn eine Lichtwelle an einem Spalt.

Die Abbildung 2.8 stellt diese Beugungsfigur dar, mit den typischen Intensitätsmaxima bzw. -minima.

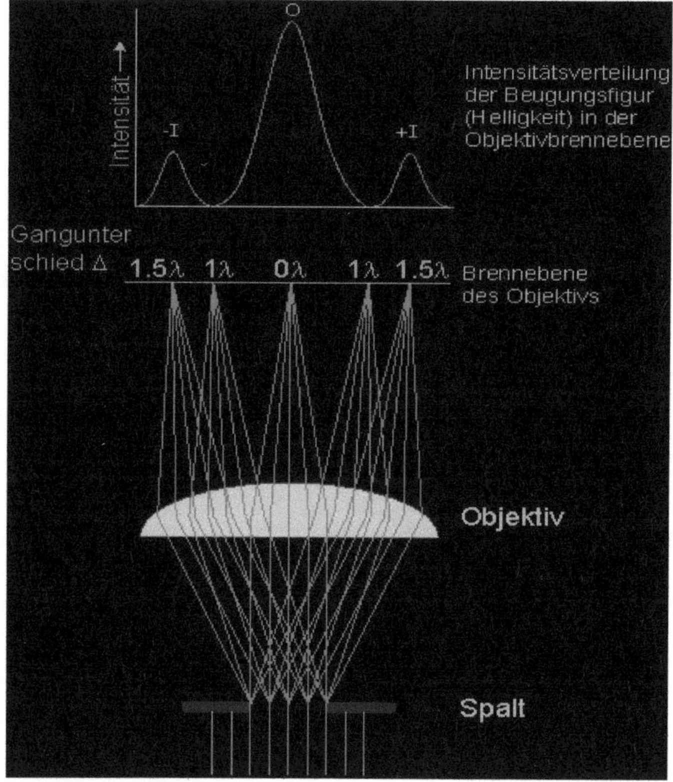

Abbildung 2.8 Beugungsfigur
(Schulz-Beenken, Prof. Dr. *Skript Mikroskopie.* Soest.)

2.6 Dispersion

Ebenso wie die Ausbreitungsgeschwindigkeit von Licht in Medien, hängt auch der Brechungsindex von der Wellenlänge ab, man spricht hier von der Dispersion $n = n(\lambda)$. Dieses Phänomen ist für optische Instrumente wie Linsen und Prismen sehr wichtig. Für die meisten transparenten Medien mit geringer Lichtabsorption, wie Gase, Flüssigkeiten oder Gläser, wächst der Brechungsindex im sichtbaren Spektralbereich mit abnehmender Wellenlänge. Dieses Verhalten bezeichnet man als normale Dispersion mit der Eigenschaft $\dfrac{dn}{d\lambda} < 0$, weil man bei den meisten in der Optik verwendeten Stoffen und Frequenzen in diesem Bereich ist. Blaues Licht wird stärker abgelenkt als rotes Licht.

In Bereichen mit starker Absorption nimmt n mit wachsender Wellenlänge zu. Diese anomale Dispersion mit $\dfrac{dn}{d\lambda} > 0$ ist seltener und schwerer zu beobachten; sie tritt eher im Ultravioletten auf. Über das gesamte elektromagnetische Spektrum weist das Dispersionsverhalten eines Stoffes stets Bereiche mehr oder weniger starker normaler und anomaler Dispersion auf. Ein Sonderfall ist das Vakuum, welches streng dispersionsfrei ist.

3 Der Versuch: Beugung am Gitter

Da die Grundlagen, die dem Versuch, Beugung am Gitter, Atom- und Molekülspektren, in den vorherigen Kapiteln beschrieben wurde, setzten wir uns nun mit dem Ablauf des Versuchs auseinander. Der Versuch basiert auf den grundlegenden Gesetzmäßigkeiten der geometrischen Optik, sowie der Wellenoptik.

3.1 theoretischer Ablauf des Versuchs: Beugung am Gitter

Der Versuch wird mit Hilfe von drei verschiedenen Lichtquellen durchgeführt, an denen die charakteristischen Spektrallinien, bzw. Intensitätsmaxima erkannt und berechnet werden sollen. Die charakteristische Spektrallinie bildet sich durch die charakteristische Emission der Lichtquanten. Dieser Vorgang wurde ausführlich im Abschnitt 2.2 erläutert. Die Beugung am Gitter basiert auf den Gesetzmäßigkeiten der Beugung (Abschnitt 2.3), respektive der Interferenz (Abschnitt 2.4). Die in den oben genannten Abschnitten dargestellten Gesetzmäßigkeiten werden nun in einen Zusammenhang zum durchgeführten Versuch, Beugung am Gitter, gestellt.

Die zu untersuchenden Leuchtmittel sind:

- Wasserstoffdampf

- Quecksilberdampf

- Heliumdampf

Die Leuchtmittel sind in einem gläsernen Kolben eingeschlossen und werden mit einer Spannung von 7 kV beaufschlagt. Innerhalb des umhüllten Gases, stoßen die Elektronen durch elektrodynamische Vorgänge aneinander. Durch dieses Stoßen[6] nehmen die Elektronen ein höheres diskretes Energieniveau E2 ein. Dieses Energieniveau E2 besteht eine genau definierte Lebensdauer τ .

Ist diese Lebensdauer τ überschritten, so kehren die Elektronen zu ihren ursprünglichen Energiezustand E1 zurück. Dieses Phänomen basiert auf dem Prinzip des geringsten Zwangs[7]. Die Lageenergie, welchen die Elektronen im Energiezustand E2 annahmen, wird nun durch die Emission von Licht abgegeben. Diese Energieform wird durch ein so genanntes Photon dargestellt.

Das so emittierte Licht geht transversal vom Leuchtmittel aus und erreicht nach einer bestimmten Laufzeit t das Gitter, welches sich in einer Entfernung von 300 mm vom Leuchtmittel entfernt befindet. An diesem Gitter, welches ein Strichgitter von 5700 Strichen/cm aufweist, wird das Licht gebeugt.

Die Beugung an diesem bestimmten Gitter läuft nach den Gesetzmäßigkeiten des Huygensprinzip ab, welche im Abschnitt 2.3 beschrieben wurden. Im Folgenden spielen die Faktoren der Interferenz eine bedeutende Rolle. Aufgrund der Interferenz, entsteht das klassische Spektral, mit seinen lokalen Intensitätsmaxima. Anhand dieser Maxima, ist es im nun Folgenden möglich, die Wellenlänge des Lichtes auf den Nanometer genau zu berechnen. Diese

---

[6] Optisches Pumpen
[7] Vgl.: Prinzip des geringsten Zwangs nach Le Chatelier

Berechnung erscheint weitestgehend trivial, da sie den Gesetzmäßigkeiten der geometrischen Optik folgt.

Der Versuchsstand ist wie folgt aufgebaut:

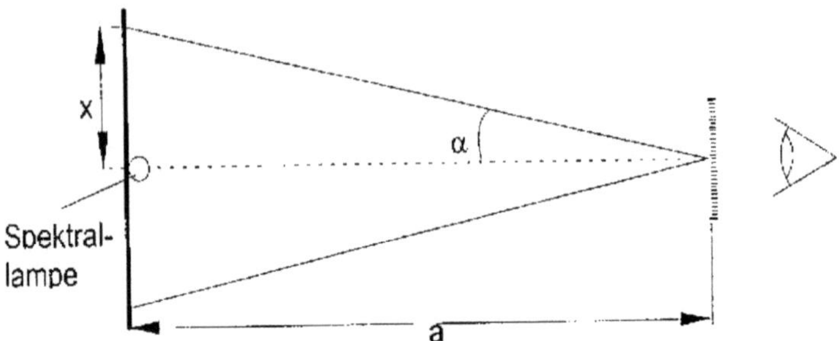

Abbildung 2.7 Versuchsaufbau schematisch

(Müller, Prof. Dr.K-H. (unbekannt). *Beugung am Gitter, Physikalisches Praktikum.* S.3)

Um nun die Wellenlänge λ des Lichtes zu berechnen, ist bei eingeschalteter Spektrallampe das Maß x zu bestimmen. Das Maß x kennzeichnet die Entfernung der 1. Ordnung von der 0. Ordnung. Aus der Formel 3.1 ist die charakteristische Wellenlänge λ, aufgrund der diskreten Energieniveaus welche die Elektronen einnehmen, berechenbar.

Für die Wellenlänge λ gilt:

$$\lambda = d\,\frac{x}{\sqrt{x^2+a^2}} \qquad\qquad \text{[Formel 3.1]}$$

d: Gitterkonstante[8]

x: Abstand von 0. Ordnung

a: Abstand Spektrallampe zu Gitter

Für den Ausbreitungswinkel α gilt die trigonometrische Beziehung

---

[8] In diesem Fall $1{,}754 * 10^{-3}\ nm$

$$\tan(\alpha) = \frac{a}{x} \qquad\qquad \text{[Formel 3.2]}$$

3.2 praktische Versuchsdurchführung

Der Versuchsstand des Versuchs gliedert sich in folgende Bauteile:

Pos. 1:   Hochspannungsquelle 7 kV

Pos. 2:   Stativ zur Aufnahme der Spektrallampe

Pos. 3:   Maßstab

Pos. 4:   verstellbares Stativ mit eingespanntem Gitter

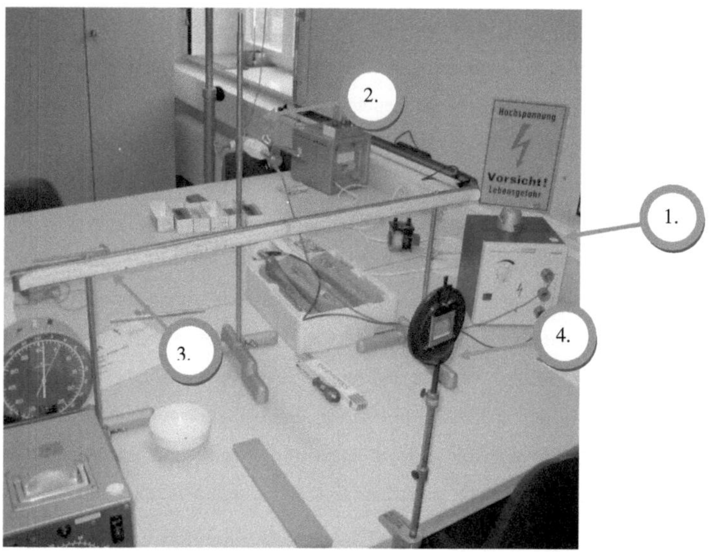

Abbildung 2.8 Versuchsaufbau im Labor für Physik

Der Versuchsstand aus Abbildung 2.8 ist für die Versuchsdurchführung vormontiert. Die einzelnen Spektrallampen werden vom Durchführenden nacheinander in den Versuchstand montiert. Die Versuchsreihe ist frei wählbar zu starten bezogen auf die Reihenfolge der zu untersuchenden Leuchtmittel.

Vorbereitend ist der Versuchstand auf äußere Schäden zu prüfen und auf Zulassungsfähigkeit der UVV zu untersuchen. Da im Versuch mit einer

Hochspannung von 7 kV gearbeitet wird, sind die Sicherheitsvorschriften disziplinarisch einzuhalten.

Zunächst wird das Leuchtmittel in die Vorrichtung (Pos. 2) eingesetzt und in der Höhe, vor dem Maßstab (Pos. 3), justiert. Diese Justierung dient dazu, dass im weiteren Verlauf des Versuchs eine gleichmäßige Abstrahlung erfolgt. Das Leuchtmittel ist ebenfalls auf die Mitte des Maßstabes (Pos. 3), welche dem Wert 0 mm zugeordnet ist, einzustellen. Dieses Vorgehen ist erforderlich, da das sich ausprägende Spektral auf dem Maßstab vermessen wird. Befindet sich das Leuchtmittel nicht in der Nullstellung, ist eine Verschiebung, des Spektrales zum Maßstab, unvermeidbar. Anschließend muss das Maß a, zwischen Leuchtmittel (Pos. 1) und Gitter (Pos. 4) ermittelt werden um in der Versuchsauswertung die charakteristische Wellenlänge λ, mit Hilfe von Formel 3.1, zu berechnen.

Nachfolgend wird das Leuchtmittel mit der oben genannten Spannung von 7 kV beaufschlagt. Anschließend ist das Leuchtmittel durch das Gitter zu betrachten. Bei diesem Vorgang, erscheint ein virtuelles Bild der Spektrallinien, welches durch die Beugung am Gitter entsteht. Man erkennt im Spektral Intensitätsmaxima. Diese Intensitätsmaxima prägen sich durch die Interferenz der entstehenden Lichtwellen aus. Die Intensitätsmaxima sind durch ablesen des Maßstabes, auf den sie virtuell projiziert werden, als Abweichung von der Nulllage (0 mm) mit einem Zahlenwert zu vergleichen. Dieser Zahlenwert wir als Abstand von der Nulllage definiert und mit der Variable x tituliert. Das Maß ist notwendig, um in der späteren Auswertung die Wellenlänge λ mit Hilfe der Formel 3.1 zu bestimmen. Für jedes Leuchtmittel prägen sich unterschiedliche Intensitätsmaxima aus, welche zum einen linksseitig vom Maßstab, zum anderen rechtsseitig vom Maßstab gemessen werden. Aus diesen paarigen Messwerten ist der Mittelwert zu bestimmen und mit Hilfe des gemittelten Abstands die Berechnung der Wellenlänge λ, mit Hilfe der Formel 3.1, zu berechnen. Dieses Vorgehen ist für die drei Leuchtmittel differenziert durchzuführen und anschließend zu berechnen.

4 Auswertung des Versuchs

Im folgenden Abschnitt wird eine mathematische Auswertung anhand, der in
Abschnitt 1 Aufgabenbeschreibung, durchgeführt. Es sind folgende Werte zu
bestimmen. Zum Einen die Wellenlänge λ mit Hilfe der Formel 3.1, zum Anderen
der Ausbreitungswinkel α mit Hilfe der Formel 3.2. Es ist zu beachten, dass sich
im Laufe des Versuchs das Maß a, Abstand zwischen Leuchtmittel und Gitter,
verschoben hat. Beim Spektrum des Heliums hat sich das Maß a von 300 mm auf
400 mm geändert.

4.1 Tabelle der aufgenommenen Messwerte

Leuchtmittel	Farbe	Messwert x gemittelt[mm]
Quecksilber	Blau	86
	Grün	107,5
	Orange	116
Wasserstoff	Blau	84
	Grün	96,5
	Rot	127,5
Helium	Blau stark	108,5
	Blau schwach	120
	Grün stark	139
	Grün schwach	137
	Gelb	161,5
	Rot stark	169
	Rot schwach	203

Tabelle 4.1 aufgenommene Messwerte

Die Tabelle 4.1 visualisiert die im Versuch ermittelten Messwerte des Abstands
der Intensitätsmaxima von der 0. Ordnung. Diese Messwerte werden im folgenden
Passus 4.2 zur Berechnung der Wellenlänge λ, sowie des Winkels α
herangezogen.

4.2 mathematische Versuchsauswertung

4.2.1 Auswertung der Wellenlänge λ

Die in der Tabelle 4.1 aufgenommenen Messwerte, für den Abstand x von der 0.

Ordnung, werden nun herangezogen, um die Wellenlänge λ und den Winkel α zu

berechnen.

Die Berechnung der Wellenlänge wird mit Hilfe der Formel 3.1 durchgeführt:

$$\lambda = d\,\frac{x}{\sqrt{x^2 + a^2}} \qquad\qquad \text{[Formel 3.1]}$$

d: Gitterkonstante $1{,}754 * 10^{-3}\ mm$

x: Abstand von der 0. Ordnung aus Tabelle 4.1

a: Abstand zwischen Leuchtmittel und Gitter (300 mm bei Quecksilber und

Wasserstoff, 400 mm bei Helium)

Setzt man die Abstände x der einzelnen Intensitätsmaxima in die Formel 3.1 ein

so ergibt sich folgende Übersicht der Wellenlängen λ.

Leuchtmittel	Farbe	Messwert x gemittelt[mm]	Berechnete Wellenlänge λ [nm]
	Blau	86	483,3
Quecksilber	Grün	107,5	519,7
	Orange	116	632,5
	Blau	84	472,9
Wasserstoff	Grün	96,5	534,5
	Rot	127,5	686
	Blau stark	108,5	459,18
	Blau schwach	120	504
	Grün stark	139	575,74
Helium	Grün schwach	137	568,33
	Gelb	161,5	656,67
	Rot stark	169	682,63
	Rot schwach	203	793,8

Tabelle 4.2 berechnete Wellenlänge

Um eine qualifizierte Aussage über das Versuchsergebnis zu treffen ist es erforderlich die, in der Tabelle 4.2 dargestellten berechneten Wellenlängen λ, mit Literaturwerten der Wellenlänge λ zu vergleichen. Dieser Vergleich mündet in einer qualitativen Fehlerauswertung.

Leuchtmittel	Farbe	Messwert x gemittelt[mm]	Berechnete Wellenlänge λ [nm]	Literaturvergleich Wellenlänge λ [nm]
	Blau	86	483,3	435,8
Quecksilber	Grün	107,5	519,7	546,1
	Orange	116	632,5	579
	Blau	84	472,9	434,1
Wasserstoff	Grün	96,5	534,5	486,13
	Rot	127,5	686	656,3
	Blau stark	108,5	459,18	447,17
	Blau Schwach	120	504	471,32
	Grün stark	139	575,74	492,19
Helium	Grün schwach	137	568,33	501,57
	Gelb	161,5	656,67	587,56
	Rot stark	169	682,63	667,82
	Rot schwach	203	793,8	706,52

Tabelle 4.3 Literaturvergleich

(Quelle der Literaturwerte: *Kohlrausch, Praktische Physik, Band 3 Tabellen und Diagramme*)

4.2.2 Berechnung des Winkels α

Nachdem die Wellenlänge λ bestimmt ist, ist eine weitere Größe zu berechnen.
Es handelt sich um den Winkel α. Der Winkel α ist nach Formel 3.2 wie folgt zu
berechnen:

$$\tan(\alpha) = \frac{a}{x} \qquad\qquad \text{[Formel 3.2]}$$

x: Abstand von 0. Ordnung
a: Abstand Spektrallampe zu Gitter

Bei der Berechnung ist darauf zu achten, dass für die Messreihe des Heliums ein
Abstand a von 400 mm gegeben ist. Dieser weicht von der vorherigen Messreihe
für Quecksilber und Wasserstoff ab. Für diese Beiden Messreihe ist ein Abstand a
zwischen Leuchtmittel und Gitter von 300 mm gewählt worden.

4.2.2.1 Quecksilber

Leuchtmittel	Farbe	Messwert x gemittelt[mm]	Abstand a [mm]	Winkel α [Grad]
Wasserstoff	Blau	84	300	74,35
	Grün	96,5	300	72,17
	Rot	127,5	300	66,97

Tabelle 4.4 Winkelübersicht Quecksilber

4.2.2.2 Wasserstoff

Leuchtmittel	Farbe	Messwert x gemittelt[mm]	Abstand a [mm]	Winkel α [Grad]
Wasserstoff	Blau	86	300	74
	Grün	107,5	300	70,3
	Orange	116	300	68,9

Tabelle 4.5 Winkelübersicht Wasserstoff

4.2.2.3 Helium

Leuchtmittel	Farbe	Messwert x gemittelt[mm]	Abstand a [mm]	Winkel α [Grad]
Helium	Blau stark	108,5	400	74,82
	Blau Schwach	120	400	73,3
	Grün stark	139	400	70,84
	Grün schwach	137	400	71,1
	Gelb	161,5	400	68,01
	Rot stark	169	400	67,1
	Rot schwach	203	400	63,1

Tabelle 4.6 Winkelübersicht Helium

4.3 Fehlerauswertung

Wie aus der Tabelle 4.3 ersichtlich, weichen die ermittelten Werte teilweise sehr stark von den Literaturwerten ab. Im folgenden Passus werden die einzelnen Leuchtmittel differenziert einer Fehlerbetrachtung unterzogen.

Der Fehlerquotient berechnet sich wie folgt:

$$\eta = \frac{\lambda_{berechnet} - \lambda_{Literatur}}{\lambda_{Literatur}} \qquad\qquad \text{[Formel 4.1]}$$

4.3.1 Quecksilber

Beim untersuchten Leuchtmittel Quecksilber stellt sich folgender Fehler, relativ zu den theoretischen Literaturwerten ein. Die Berechnung basiert auf Formel 4.1.

Leuchtmittel	Farbe	Messwert x gemittelt[mm]	Berechnete Wellenlänge λ [nm]	Literaturvergleich Wellenlänge λ [nm]	Fehler η [%]
	Blau	86	483,3	435,8	10,9
Quecksilber	Grün	107,5	519,7	546,1	-4,83
	Orange	116	632,5	579	9,24

Tabelle 4.7 relativer Fehler Quecksilberleuchtmittel

Somit ergibt sich ein durchschnittlicher Fehler von 5,1%.

4.3.2 Wasserstoff

Beim untersuchten Leuchtmittel Wasserstoff stellt sich folgender Fehler, relativ zu den theoretischen Literaturwerten ein. Die Berechnung basiert auf Formel 4.1.

Leuchtmittel	Farbe	Messwert x gemittelt[mm]	Berechnete Wellenlänge λ [nm]	Literaturvergleich Wellenlänge λ [nm]	Fehler η [%]
	Blau	84	472,9	434,1	8,9
Wasserstoff	Grün	96,5	534,5	486,13	9,9
	Rot	127,5	686	656,3	4,5

Tabelle 4.8 relativer Fehler Wasserstoffleuchtmittel

Somit ergibt sich ein durchschnittlicher Fehler von 7,7%.

4.3.3 Helium

Beim untersuchten Leuchtmittel Helium stellt sich folgender Fehler, relativ zu den theoretischen Literaturwerten ein. Die Berechnung basiert auf Formel 4.1.

Leuchtmittel	Farbe	Messwert x gemittelt[mm]	Berechnete Wellenlänge λ [nm]	Literaturvergleich Wellenlänge λ [nm]	Fehler η [%]
Helium	Blau stark	108,5	459,18	447,17	2,68
	Blau Schwach	120	504	471,32	6,9
	Grün stark	139	575,74	492,19	16,9
	Grün schwach	137	568,33	501,57	13,3
	Gelb	161,5	656,67	587,56	11,7
	Rot Stark	169	682,63	667,82	2,2
	Rot schwach	203	793,8	706,52	12,4

Tabelle 4.9 relativer Fehler Heliumleuchtmittel

Somit ergibt sich ein durchschnittlicher Fehler von 9,44%.

5 Fehlerdiskussion

Die durchgeführte Messreihe ist augenscheinlich fehlerbehaftet. Die aufgenommenen Messwerte weichen stark von den Literaturwerten. Besonders erwähnenswert ist nach Tabelle 4.9 die Abweichung des Heliumspektrums.

In diesem Abschnitt wird diskutiert werden, welche Fehlerarten eingetreten sind und wie stark sich der jeweilige Fehler auf das Ergebnis des Versuchs auswirkte.

Zunächst ist zu klären, welche Fehlerarten man allgemein unterscheidet.

Unter einem Fehler versteht man laut deutschem Institut für Normung [9]folgendes:

„Merkmalswert, der die vorgegebenen Forderungen nicht erfüllt".

Aus dieser allgemeinen Fehlerbeschreibung leiten sich der Hauptarten von Fehlern ab:

---

[9] Deutsches Institut für Normung DIN

- Systematische Fehler
- Grobe Fehler
- Zufällige Fehler

Im durchgeführten Versuch beschränkt sich die Qualität der Messung eindeutig auf den Faktor Mensch, da die Messgenauigkeit ausnahmslos vom Durchführenden abhängt. Diese Tatsache begründet sich darin, dass der analoge Maßstab bei schlechter Beleuchtung mit dem Auge skaliert werden muss.
Die Fehler:

1. *Messfehler:* Messfehler treten auf bei der Ermittlung des Abstandes Beugungsgitter und der Spektrallampe. Zusätzlich treten Messfehler beim Ablesen des Abstandes x, Abstand zwischen 0. Ordnung und Intensitätsmaxima, auf, da der Raum während des Versuchs verdunkelt ist.

2. *Fehlerhafte Ausrichtung des Leuchtmittels:* Das Leuchtmittel muss koaxial zum Maß null ausgerichtet sein, da sonst eine einseitige Verschiebung des Spektrums stattfindet.

3. *Fehlerhafte Ausrichtung des Gitters:* Das Beugungsgitter muss parallel zum Leuchtmittel stehen, sonst tritt nicht die gewünschte Beugungserscheinung ein, da die Wellen eine andere Interferenz einnehmen. Dies geschieht aufgrund des schrägen Auftreffens der Wellen auf dem Gitter, falls dieses eine axiale Abweichung aufweist.

4. *Intensitätsempfinden:* Da die Intensität mit schwach, mittel und stark eingestuft wurde unterliegt diese Beurteilung dem subjektiven Empfinden des Betrachters.

5. *Alter des Leuchtmittels:* Bei älteren Leuchtmitteln lässt die Intensität der Farben nach und es kommt vor, dass nicht mehr das komplette Spektrum dargestellt wird.

Literaturverzeichnis

Hering, Martin, & Stohrer. (2004). *Physik für Ingenieure 9. Auflage.* Springer.

Kuchling, H. (2007). *Taschenbuch der Physik 19. Auflage.* München: Carl Hanser.

Mayer-Kuckuk. (1997). *Atomphysik - eine Einführung 5.Auflage.* München: Teubner.

Müller, Prof. Dr. K-H. (unbekannt). *Beugung am Gitter, Physikalisches Praktikum.*

Müller, Prof. Dr. K-H. (2009). *Optik, Atmophysik, Kernphysik.* Soest.

Schulz-Beenken, Prof. Dr. A.-S. (unbekannt) *Skript Mikroskopie.* Soest.

Walcher, W. (2003). *Praktikum Physik 8. Auflage.* Teubner.